Saba Mushtaq

# Técnicas de deteção de falsificação de imagens cegas

Saba Mushtaq

# Técnicas de deteção de falsificação de imagens cegas

## Uma análise

ScienciaScripts

**Imprint**

Any brand names and product names mentioned in this book are subject to trademark, brand or patent protection and are trademarks or registered trademarks of their respective holders. The use of brand names, product names, common names, trade names, product descriptions etc. even without a particular marking in this work is in no way to be construed to mean that such names may be regarded as unrestricted in respect of trademark and brand protection legislation and could thus be used by anyone.

Cover image: www.ingimage.com

This book is a translation from the original published under ISBN 978-3-659-97673-5.

Publisher:
Sciencia Scripts
is a trademark of
Dodo Books Indian Ocean Ltd. and OmniScriptum S.R.L publishing group

120 High Road, East Finchley, London, N2 9ED, United Kingdom
Str. Armeneasca 28/1, office 1, Chisinau MD-2012, Republic of Moldova, Europe
Printed at: see last page
**ISBN: 978-620-8-03103-9**

Índice:

# Técnicas de deteção de falsificação de imagens cegas

Técnicas de deteção de falsificação de imagens cegas

Resumo

*Com o advento da tecnologia digital, as imagens digitais adquiriram uma importância primordial em quase todos os domínios, como na representação de uma cena, como prova em tribunal, para a transmissão de informações, em capas de revistas em quase todo o lado. No entanto, o desenvolvimento tecnológico conduziu também a uma disponibilidade fácil e a um software fácil de utilizar para manipular imagens digitais, pondo assim em causa a autenticidade das imagens. A investigação forense de imagens digitais é uma área de investigação que pretende verificar a autenticidade das imagens. Este livro dá uma pequena ideia das falsificações mais comuns efectuadas em imagens e dos métodos desenvolvidos para as combater. É também efectuada uma breve comparação das técnicas disponíveis.*

# Capítulo 1

**Introdução**


## 1.1 Introdução

De tempos a tempos, as imagens têm sido geralmente aceites como prova dos acontecimentos retratados. A facilidade de utilização e a acessibilidade de ferramentas de software[1] e de hardware de baixo custo tornam muito simples a falsificação de imagens digitais, não deixando praticamente qualquer vestígio de que tenham sido objeto de adulteração. Assim, não podemos considerar a autenticidade e a integridade das imagens digitais como um dado adquirido [2]. Esta situação põe em causa a fiabilidade das imagens digitais utilizadas como diagnóstico médico, como prova em tribunal, como artigos de jornal ou como documentos legais, devido à dificuldade de diferenciar os conteúdos originais dos modificados. O campo da investigação forense digital desenvolveu-se significativamente para combater o problema da falsificação de imagens em muitos domínios, como os serviços jurídicos, as imagens médicas, a investigação forense, os serviços secretos e o desporto [3, 4]. É realizado um volume substancial de trabalho no domínio da deteção de falsificações de imagens. Isto é evidente na figura 1, que mostra o número de artigos que abordaram a deteção de falsificações de imagens no IEEE e na Science Direct nos últimos 10 anos. Este livro apresenta uma breve revisão das técnicas de deteção de falsificação de imagens cegas/passivas e tenta fazer um levantamento da literatura mais recente disponível sobre o assunto.

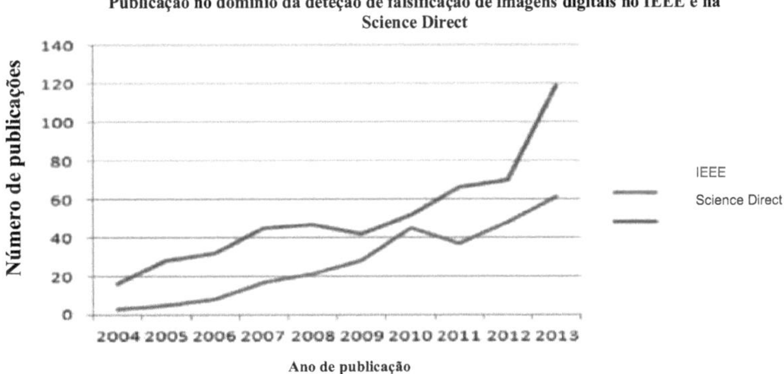


**Figura 1: Número de publicações do IEEE e da Science Direct no domínio da deteção de falsificações de imagens digitais nos últimos 10 anos. Os dados foram obtidos no sítio Web IEEE explore, http://ieeexplore.ieee.org, e no sítio Web Science Direct, http://www.sciencedirect.com, através da apresentação da consulta "image forgery detection".**

**1.2 Classificação das técnicas de autenticação de imagens.**

A deteção de falsificações tem por objetivo verificar a autenticidade das imagens [5]. Para a autenticação de imagens, foram desenvolvidos vários métodos, classificados em termos gerais como métodos de autenticação ativa e métodos de autenticação passiva. A classificação baseia-se no facto de a imagem original estar ou não disponível. Em cada classe, os métodos são subdivididos. A hierarquia é apresentada na figura 2.

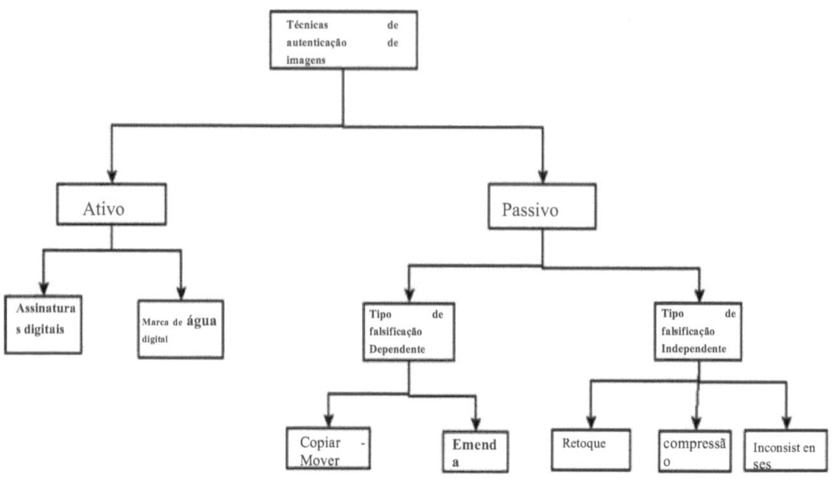


**Figura 2: Técnicas de autenticação de imagens**

## 1.3 Autenticação ativa

Nas técnicas de autenticação ativa, a informação prévia sobre a imagem é indispensável para o processo de autenticação. Trata-se de uma técnica de ocultação de dados em que um código é incorporado na imagem no momento da sua geração. A verificação deste código autentica a originalidade da imagem. Os métodos de autenticação ativa são ainda classificados em dois tipos: marca de água digital e assinatura digital [6, 7, 8]. As marcas de água digitais são incorporadas nas imagens no momento da aquisição da imagem ou na fase de processamento e as assinaturas digitais incorporam na imagem alguma informação secundária, normalmente extraída da imagem, no final da aquisição. Muito trabalho tem sido efectuado tanto em assinaturas digitais [9,10,11,12,13] como em marcas de água digitais [14,15,16,17,18]. O principal inconveniente destas abordagens reside no facto de terem de ser inseridas nas imagens no momento da gravação, utilizando equipamento especial, pelo que se torna indispensável dispor de informação prévia sobre a imagem.

## 1.4. Autenticação passiva

A autenticação passiva, também designada por análise forense de imagens, é o processo de autenticação de imagens sem necessidade de informação prévia, apenas a própria imagem [19, 20]. As técnicas passivas baseiam-se no pressuposto de que, embora a adulteração possa não deixar qualquer vestígio visual, é provável que altere as estatísticas subjacentes. São estas inconsistências que são utilizadas para detetar a adulteração. Foi efectuada uma investigação exaustiva neste domínio da análise forense passiva de imagens [21, 22, 23]. As técnicas passivas são ainda classificadas como métodos dependentes da falsificação e métodos independentes da falsificação.

Os métodos de deteção dependentes da falsificação são concebidos para detetar apenas determinado tipo de falsificações, como o copy-move e o splicing, que dependem do tipo de falsificação efectuada na imagem, enquanto os métodos independentes da falsificação detectam falsificações independentemente do tipo de falsificação, mas com base em vestígios de artefactos deixados durante o processo de reamostragem e devido a inconsistências de iluminação [24].

## 1.5Quadro geral para a deteção de falsificações.

A deteção de falsificações em imagens é um problema de duas classes. O principal objetivo da técnica de deteção passiva continua a ser a classificação de uma dada imagem como original ou adulterada. A maior parte das técnicas existentes extrai características da imagem e, em seguida, selecciona um classificador adequado e classifica as características. Descrevemos aqui uma estrutura geral de deteção de adulteração de imagens que consiste nas seguintes etapas indicadas na figura 3.

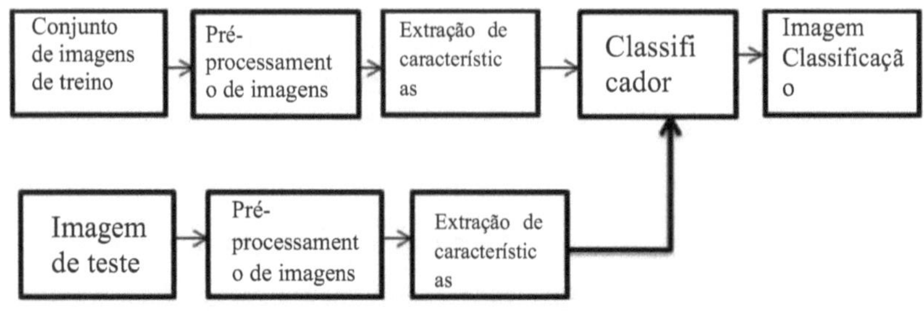


**Figura 3: Estrutura para a deteção de falsificações de imagens.**

O pré-processamento da imagem é o primeiro passo. Antes de a imagem poder ser submetida à operação de extração de características, procede-se a algum pré-processamento da imagem em questão, como o melhoramento, a filtragem, o corte, a transformação DCT e a conversão de RGB para escala de cinzentos. Os algoritmos aqui discutidos podem ou não envolver este passo, dependendo do algoritmo. Depois disto, vem a extração de características. Para cada classe, é selecionado um conjunto de características que a diferencia das outras classes, mas que, ao mesmo tempo, permanece invariante para uma determinada classe. A caraterística mais desejável do conjunto de características selecionado é ter uma dimensão pequena para reduzir a complexidade computacional e ter uma grande diferença entre classes. Esta é a etapa mais importante e todos os algoritmos se baseiam principalmente nela para a deteção de falsificações. Este passo para todos os algoritmos acima referidos é discutido individualmente com os algoritmos. Segue-se a seleção do classificador. Com base no conjunto de características extraído, é selecionado ou concebido um classificador adequado. O mais provável é que um conjunto de treino grande permita obter um classificador com melhor desempenho. As características extraídas podem também exigir algum pré-processamento para reduzir a sua dimensão e, consequentemente, a complexidade computacional sem afetar a aprendizagem automática [44]. O único objetivo do classificador é classificar uma imagem como original ou falsa. Vários classificadores

Finalmente, algumas falsificações, como o copy move e o splicing, podem exigir um pós-processamento que envolve operações como a localização de regiões duplicadas [30,31,32,33]. Nos capítulos seguintes, abordaremos as falsificações passivas e as técnicas de autenticação apresentadas na figura 1.

# Capítulo 2

**Falsificação de imagens por cópia e deslocação**

## 2.1 Introdução

O copy-move é a técnica de manipulação de fotografias mais popular e comum, devido à facilidade com que pode ser efectuada [34]. Envolve a cópia de uma região de uma imagem e a deslocação da mesma para outra região da imagem. Uma vez que a região copiada pertence à mesma imagem, a gama dinâmica e a cor permanecem compatíveis com o resto da imagem [35]. A figura 4 apresenta um exemplo de falsificação por cópia-movimento.

Original

Forged

**Figura 4: Falsificação de cópia-movimento (ambas as imagens são retiradas do conjunto de dados CoMoFoD[110])**

A imagem original é falsificada para obter a imagem adulterada.

**2.2Tipos de deteção de falsificação de movimentos de cópia** . As técnicas de deteção
de falsificações por cópia podem ser classificadas em três tipos: um é a deteção baseada
em blocos, o segundo é a deteção baseada em pontos-chave e o terceiro é a deteção por
força bruta [95].

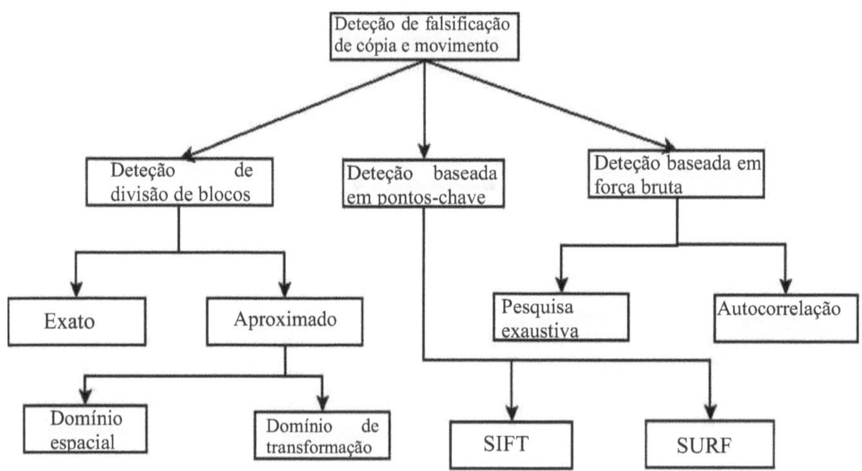


**Figura 5: Tipos de deteção de falsificação de cópia e movimento**

A solução mais simples para o problema da falsificação de cópias é a deteção por força
bruta, que envolve uma pesquisa exaustiva, ou seja, a comparação da imagem com
todas as versões deslocadas da mesma. Mas o problema deste método é a sua
complexidade computacional [95]. Além disso, esta técnica falha no caso de a região
copiada ter sido modificada por suavização ou desfocagem. O método de
autocorrelação, proposto por Fridrich et al. [36], é uma melhoria da técnica de pesquisa
exaustiva. A técnica de autocorrelação pode ser aplicada quando se copiam e colam
grandes manchas de imagem. No entanto, o tamanho das manchas não pode ser
superior a um quarto do tamanho da imagem adulterada.

As técnicas baseadas em blocos dão melhores resultados do que as técnicas de pesquisa exaustiva e de autocorrelação. A imagem falsificada é dividida em blocos de igual dimensão. Estes blocos podem ser blocos sobrepostos ou blocos não sobrepostos. As características são extraídas de cada bloco e comparadas com outros blocos. O resultado pode ser uma correspondência exacta ou uma correspondência aproximada. Na maioria dos casos, trata-se de uma correspondência aproximada, uma vez que as imagens falsificadas são pós-processadas e dificilmente se encontram correspondências exactas. A figura 6 apresenta um quadro geral para as técnicas de deteção de movimentos de cópia baseadas em blocos [96]

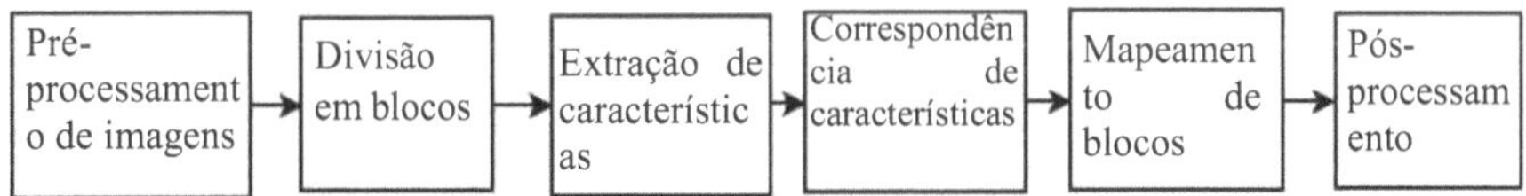


**Figura 6: Estrutura geral na deteção de cópia-movimento baseada em blocos.**

A primeira etapa do pré-processamento é opcional. Esta etapa inclui o melhoramento da imagem para um determinado método de extração de características e para conter dados indesejados [C]. A conversão da imagem em escala de cinzentos é a operação de pré-processamento mais comummente utilizada [54, 96-100]. Nesta etapa, a maioria das imagens é convertida em escala de cinzentos utilizando I= .228R+ .587G+ .114 B para fundir os canais RGB. O sistema de cores YCbCr pode ser usado indistintamente para operar em componentes de luminância ou crominância [101]. Independentemente do tipo de imagem, a maior parte da informação geométrica e visual está contida no plano luma, pelo que o nosso artigo se centra na informação luma do espaço YCbCr. A conversão da imagem num plano de cor diferente reduz a dimensionalidade dos dados e melhora o aspeto visual da imagem. Isto, por sua vez, significa uma redução da complexidade computacional e uma melhoria da velocidade de processamento.

O passo seguinte é a divisão da imagem em blocos sobrepostos ou não sobrepostos. O método de divisão em blocos melhora a complexidade do cálculo da correspondência na deteção de movimentos de cópia em relação ao método de pesquisa exaustiva. A divisão em blocos é seguida da extração de características dos blocos. Para a extração de características, foram utilizadas técnicas como a transformada discreta de cosseno, a análise de componentes principais, a DyWT, a DWT [101-105] e os valores de cinza [106]. São escolhidas técnicas que reduzem a complexidade do cálculo e melhoram a velocidade e a robustez. À extração de características segue-se a correspondência de características para localizar as regiões coladas por cópia. As áreas falsificadas são definidas pelas características extraídas. O cálculo da ordenação[103,105,107], da correlação[108] e da distância euclidiana[109] foi utilizado para efeitos de correspondência.

A última etapa do pós-processamento inclui o isolamento dos blocos correspondentes para localizar as regiões copiadas e coladas. Esta etapa pode remover o bloco correspondente da imagem, mascarar os blocos correspondentes ou colorir a imagem a preto, exceto as regiões copiadas e coladas.

A terceira é a abordagem baseada em pontos-chave. As abordagens baseadas em pontos-chave são mais rápidas do que as abordagens baseadas em blocos, uma vez que o número de comparações necessárias na abordagem baseada em pontos-chave é menor do que na abordagem baseada em blocos, pois o número de blocos em que a imagem está dividida é maior do que os pontos-chave da imagem. Alguns métodos de deteção de cópia de movimento são discutidos na secção seguinte

## 2.3 Trabalhos relacionados

Entre as primeiras tentativas, Fredrich [36] propôs métodos para detetar a falsificação de cópias. Foi utilizada a transformada discreta do cosseno (DCT) dos blocos de imagem e a sua ordenação lexicográfica é efectuada para evitar o peso computacional. Uma vez ordenados, os pares de blocos idênticos adjacentes são considerados como blocos movidos por cópia. O algoritmo de correspondência de blocos foi utilizado para equilibrar o desempenho e a complexidade.

Este método tem o inconveniente de não conseguir detetar pequenas regiões duplicadas.

Popescu e Farid [37] sugeriram um método que utiliza a análise de componentes principais (PCA) para os blocos quadrados sobrepostos. O custo computacional e o número de cálculos necessários são consideravelmente reduzidos $O(NtN \log N)$, em que Nt é a dimensionalidade da representação PCA truncada e N o número de pixéis da imagem. A precisão da deteção é de 50% para uma dimensão de bloco de 32x32 e de 100% para uma dimensão de bloco de

 160x160 foi obtido. Embora este método tenha uma complexidade reduzida e seja altamente discriminativo para grandes dimensões de bloco, a precisão diminui consideravelmente para pequenas dimensões de bloco e qualidades JPEG baixas. Para combater a complexidade computacional, Langille e Gong[38 propuseram a utilização de uma árvore k-dimensional que utiliza um método que procura blocos com padrões de intensidade semelhantes utilizando técnicas de correspondência. O algoritmo resultante tem uma complexidade de $O(NaNb)$, em que **Na** é o tamanho de pesquisa da vizinhança e **N** é o número de blocos. Este método tem uma complexidade reduzida em comparação com os métodos anteriores.

Gopi et al. [39] desenvolveram um modelo que utiliza coeficientes auto-regressivos como vetor de características e um classificador de rede neural artificial (RNA) para detetar adulteração de imagens. São utilizados 300 vectores de características de diferentes imagens para treinar uma RNA e a RNA é testada com outros 300 vectores de características. A percentagem de acerto na identificação da falsificação digital é de 77,67% na experiência em que foram utilizadas imagens manipuladas para treinar a RNA e de 94,83% na experiência em que foi utilizada uma base de dados de imagens falsificadas.

Myna et al. [40] propuseram um método que utiliza coordenadas polares logarítmicas e transformadas wavelet para detetar e localizar a falsificação de cópias. A aplicação da transformada wavelet à imagem de entrada resulta na redução da dimensionalidade e é efectuada uma pesquisa exaustiva para identificar os blocos semelhantes na imagem, mapeando-os para coordenadas logpolares e, como critério de semelhança, é utilizada a correlação de fase. A vantagem deste método é a redução do tamanho da imagem e a localização de regiões duplicadas.

XiaoBing e ShengMin [41] desenvolveram uma técnica de localização da falsificação de imagens por cópia e movimento aplicando a SVD, que fornece os vectores de características algébricas e geométricas invariantes. O método proposto tem uma complexidade computacional reduzida e é resistente a operações de retoque. O método sugerido em [42] aplica a técnica de ordenação radix ao bloco sobreposto, seguida de filtragem mediana e CCA (análise de componentes ligados) para a deteção de adulterações. Este método utilizou a ordenação radix como alternativa à ordenação lexográfica, o que melhorou consideravelmente a eficiência temporal.

Bashar et al. [43] desenvolveram uma técnica que detecta a duplicação utilizando duas características robustas baseadas na DWT e na análise dos componentes principais do núcleo (KPCA). Os vectores projectados com base na KPCA e os coeficientes wavelet de resolução múltipla subsequentes aos blocos de imagem são organizados sob a forma de uma matriz na qual foi efectuada uma classificação lexicográfica. A inversão e a rotação da tradução são também identificadas utilizando a transformação geométrica global e a técnica de rotulagem para detetar a falsificação. Este método elimina o limiar de frequência que, de outra forma, teria de ser ajustado manualmente, como acontece noutros métodos de deteção.

Sutthiwan et al. [44] apresentaram um método para a deteção passivo-cega de falsificações de imagens a cores, que consiste numa combinação de características de imagem extraídas da luminância da imagem através da aplicação de uma transformada de rake e do croma da imagem através da utilização de estatísticas de bordos. A técnica resulta numa precisão de 99%.

Liu et al.[45] propuseram a utilização de blocos circulares e de momentos Hu para detetar as regiões que foram rodadas na imagem adulterada. Sekeh et al [46] sugeriram uma técnica baseada no agrupamento de blocos implementada utilizando o método de correspondência local de blocos. Huang et al. [47] trabalharam no sentido de melhorar o trabalho efectuado por Fridrich et al. [36] em termos de velocidade de processamento. O algoritmo é direto, simples e tem a capacidade de detetar regiões duplicadas com boa sensibilidade e precisão. No entanto, não é mencionada a robustez do algoritmo face à transformação geométrica.

Xunyu e Siwei [48] apresentaram uma técnica que utiliza a duplicação de regiões através da estimativa da transformação entre pontos-chave SIFT correspondentes, que é invariável às distorções que ocorrem devido à correspondência das características da imagem. O algoritmo resulta numa precisão de deteção média de 99,08%, mas o método tem uma limitação: a duplicação numa região mais pequena é difícil de detetar, uma vez que os pontos-chave disponíveis são muito poucos.

Kakar e Sudha [49] desenvolveram uma nova técnica baseada em características invariantes à transformação que permite detetar falsificações do tipo copy-paste, mas requer algum pós-processamento baseado nas ferramentas de assinatura de imagens MPEG-7. É utilizada a correspondência de características que utiliza as restrições inerentes aos pares de características correspondentes para melhorar a deteção de regiões clonadas, o que resulta numa precisão de correspondência de características superior a 90%.

Muhammad et al [50] propuseram um método de deteção de falsificações com base na transformada wavelet diádica (DyWT). A DyWT é mais adequada do que a DWT porque é invariável em termos de deslocação. A imagem é decomposta em sub-bandas aproximadas e de pormenor, que são posteriormente divididas em blocos sobrepostos e a semelhança entre blocos é calculada. Com base na elevada semelhança e dissemelhança, os pares são ordenados. Utilizando a limiarização, os pares correspondentes são obtidos a partir da lista ordenada.

Hong Shao et al. [51] propuseram um método de correlação de fase baseado na expansão polar e na limitação adaptativa de banda. A transformada de Fourier da expansão polar no par de janelas sobrepostas é calculada e é aplicado um procedimento de limitação adaptativa da banda para obter uma matriz de correlação em que o pico é efetivamente melhorado. Após estimar o ângulo de rotação da região de falsificação, é executado um algoritmo de pesquisa no sentido de preenchimento de sementes para apresentar toda a região duplicada. Esta abordagem pode detetar a região duplicada com elevada precisão e robustez à rotação, ao ajuste da iluminação, à desfocagem e à compressão JPEG.

Gavin Lynch [52] desenvolveu um algoritmo de blocos expansivos para a deteção de regiões duplicadas. Neste método, a imagem é dividida em blocos sobrepostos de tamanho SxS. Para cada bloco, o valor de cinzento é calculado como sendo a sua caraterística dominante. Com base na comparação deste fator dominante, é criada uma matriz de ligação. Se a matriz de ligação tiver uma linha de zeros, então o bloco correspondente a essa linha não está ligado a nenhum outro bloco do conjunto. Desta forma, são detectadas regiões duplicadas. Este método é bom para identificar a localização e a forma das regiões falsificadas e a comparação direta de blocos pode ser feita sem sacrificar o tempo de desempenho.

A deteção de movimentos de cópia proposta por Sekeh [53] permite melhorar a complexidade temporal utilizando o agrupamento de blocos sequenciais. O agrupamento resulta na redução do espaço de pesquisa na correspondência de blocos e melhora a complexidade temporal, uma vez que elimina várias operações de comparação de blocos. Quando o número de blocos agrupados é superior ao limiar, a correspondência local de blocos é mais eficiente do que o algoritmo de ordenação lexicográfica.

Em [54] é proposto um método de deteção e localização para falsificação de cópias e movimentos com base em características SIFT. A novidade do trabalho consiste na introdução de um procedimento de agrupamento que opera no domínio da transformação geométrica e lida também com a clonagem múltipla.

Um método robusto baseado na DCT e na SVD é proposto em [55] para detetar a falsificação de cópias. A imagem é dividida em blocos sobrepostos de tamanho fixo e é aplicada a cada bloco uma DCT 2D. Em seguida, os coeficientes DCT são quantizados para obter uma representação mais robusta de cada bloco, dividindo-se depois estes blocos quantizados em sub-blocos não sobrepostos e aplicando-se a SVD a cada sub-bloco.

Todos os métodos acima referidos, que são capazes de detetar e localizar a falsificação de cópias e as regiões clonadas numa imagem, são computacionalmente complexos e requerem uma interpretação humana dos resultados.


## 2.3 Comparação

O quadro 1 apresenta uma comparação entre vários algoritmos de deteção de falsificações por cópia-movimento.

**Tabela 1 Comparação dos métodos de deteção de falsificação por cópia-movimento**

| Método | Característica extraída | Classificador | Precisão da deteção |
|---|---|---|---|
| Popescu & Farid [37] | PCA do bloco sobreposto | Ordenação lexográfica | 50% para blocos pequenos tamanho 100% para bloco 16x16 tamanho |
| Gopi et al. [39] | Cofres auto-regressivos | ANN | 94.83% |
| Myan et al. [40] | Coordenadas polares logarítmicas | Correlação de fases | - |
| Xiaibing & Shengmin[41] | Decomposição do valor singular e invariante de características algébricas e geométricas | Ordenação lexográfica | - |
| Lin et al. [42] | Intensidade média dos blocos de imagem. | Ordenação radix seguida de cálculo do vetor de deslocação | 98% |
| Basher et al. [43] | DWT E KPCA | Algoritmo de deteção de duplicações baseado | 95,55% (DWT) 90,94%(KCPA) |

| | | em pontos | |
| Sutthiwan et al.[44] | Luminância da imagem utilizando o modelo RAKE e croma da imagem utilizando estatísticas de bordos | SVM | 99% |
| Xunyu & Siwei [48] | SIFT emparelhado Pontos-chave | Clusterização K-mean | 99.08% |
| Muhammad et al. [50] | Transformada de wavelet diádica | Limiarização Classificação | 98.34% |
| Zhao & Guo[55] | DCT E SVD | Ordenação lexográfica de blocos e limiarização de frequências. | 96.1 % |

# Capítulo 3

**Falsificação de emendas**

### 3.1Introdução

A técnica de falsificação de imagens envolve a composição ou a fusão de duas ou mais imagens, alterando significativamente a imagem original para produzir uma imagem falsificada. No caso de serem fundidas imagens com fundos diferentes, torna-se muito difícil tornar indiscerníveis os limites e as fronteiras. A figura 7 mostra um exemplo de fusão de imagens em que duas pessoas da primeira imagem são coladas numa segunda imagem completamente diferente para formar uma imagem falsa.

**Figura 7: Uma parte da primeira imagem é colada na segunda imagem para obter a imagem emendada (todas as imagens são do conjunto de dados CASIA][111]).**

### 3.2Trabalhos relacionados

A deteção de uniões é um problema complexo em que as regiões compostas são investigadas por uma variedade de métodos. A presença de mudanças abruptas entre as diferentes regiões que são combinadas e os seus fundos fornece pistas valiosas para a deteção de uniões na imagem em questão. Farid [56] sugeriu um método baseado na análise bi-espetral para detetar a introdução de correlações de ordem superior não naturais no sinal através do processo de falsificação, tendo sido aplicado com êxito na deteção de emendas de fala humana.

Ng e Chang [57] sugeriram um método de deteção de uniões de imagens baseado na utilização de características de magnitude e de fase de bi-coerência. Foi obtida uma precisão de deteção de 70%. Mais tarde, os mesmos autores desenvolveram um modelo para a deteção de descontinuidades causadas por emendas abruptas utilizando a bicoerência [58].

Fu et al. [59] propuseram um método que implementa o uso da transformada de Hilbert-Huang (HHT) para obter características para classificação. O modelo estatístico de imagem natural definido por momentos de funções características foi utilizado para diferenciar as imagens emendadas das imagens originais.

Chen et al. [60] propuseram um método que obtém características de imagem a partir dos momentos da caraterística wavelet e da congruência de fase 2-D, que é uma medida sensível das transições numa imagem com emenda, para a deteção de emendas. Zhang et al. [61] desenvolveram um método de deteção de emendas que utiliza características de momento extraídas da transformada discreta de cosseno em blocos de tamanho múltiplo (MBDCT) e métricas de qualidade de imagem (IQMs) que são sensíveis à imagem emendada. Este método mede a diferença estatística entre a imagem emendada e a imagem original e tem uma vasta área de aplicação.

Ng e Tsui [62] e Ng T.T. [63] desenvolveram um método que utiliza invariantes geométricos lineares da imagem única e, assim, extraíram as características da assinatura CRF de superfícies lineares na irradiância da imagem. Em [63], os autores desenvolveram um método baseado no perfil de borda para a extração da assinatura CRF a partir de uma única imagem. No método proposto, a extração fiável depende do facto de as arestas deverem ser rectas e largas.

Qing Zhong e Andrew [64] explicaram uma técnica baseada na extração de características de densidade conjunta vizinha dos coeficientes DCT, sendo aplicado um classificador SVM para a deteção de uniões de imagens. O parâmetro de forma da distribuição Gaussiana generalizada (GGD) dos coeficientes DCT é utilizado para medir a complexidade da imagem.

Wang et al. [65] desenvolveram um método de deteção de emendas para imagens a cores baseado na matriz de coocorrência de níveis de cinzento (GLCM). É utilizada a

GLCM da imagem de limiar do croma da imagem. Zhenhua et al. [66] desenvolveram um método de deteção de emendas baseado em filtros estatísticos de ordem (OSF). A extração de características é orientada pela medida da nitidez dos bordos e por uma saliência visual. Fang et al. [67] dá um exemplo que utiliza os limites nítidos em imagens a cores. A técnica procura a consistência da divisão de cores nos pixéis vizinhos do limite. O autor sugere que a irregularidade na borda colorida é uma evidência significativa de que a imagem foi adulterada.

Em [68], é explicado um método baseado na extração de características através da transformada de Hilbert-Huang (HHT) e num modelo estatístico baseado nos momentos das funções características na aplicação de wavelets para detetar regiões com junções. Este método fornece resultados de elevada precisão para a deteção de uniões passivas.

Zhang et al. [69] desenvolveram uma técnica que utiliza a restrição de homografia planar para identificar a região falsa de forma aproximada e um método automatizado de extração utilizando o corte de gráficos com seleção automática de características para isolar o objeto falso.

Zhao et al. [70] desenvolveram um método baseado no espaço cromático. É utilizada uma caraterística de textura de comprimento de corrida ao nível dos cinzentos. Quatro vectores RLRN (run-length run-number) de nível cinzento em diferentes direcções, obtidos a partir de canais de croma descorrelacionados, foram utilizados como características únicas para a deteção de uniões de imagens e, para a classificação, foi utilizado um classificador SVM. Liu et al. [71] desenvolveram um método baseado na consistência fotométrica da iluminação. A consistência fotométrica foi utilizada nas sombras através da formulação das características de cor das sombras, que são medidas pelo valor mate da sombra.

O método de deteção de sobreposições de imagens proposto em [72] utiliza a inconsistência da cor do iluminante. Uma imagem a cores é dividida em vários blocos sobrepostos. Com base no conteúdo dos blocos, é utilizado um classificador para selecionar adaptativamente o algoritmo de estimativa da iluminação. A cor do iluminante é estimada para cada bloco e a diferença entre a estimativa e a cor do iluminante de referência é medida. Se a diferença for superior a um limiar, o bloco correspondente é rotulado como bloco de emenda.

Em [73], é proposto um método baseado no comprimento de execução para detetar uniões. A matriz de gradiente dos bordos de uma imagem é calculada, e o comprimento aproximado da corrida é calculado ao longo da direção do gradiente dos bordos. Algumas características são construídas a partir do histograma do comprimento aproximado da trajetória. Para melhorar ainda mais a precisão da deteção, o comprimento aproximado de execução é aplicado à imagem de erro e às imagens reconstruídas com base na DWT para obter mais características. O SVM é utilizado para classificar as imagens autênticas e as imagens com emendas. Foi obtida uma melhoria em [74], onde é proposta uma abordagem baseada em Markov. As características Markov são expandidas para captar não só a correlação intra-bloco mas também a correlação inter-bloco entre os coeficientes DCT dos blocos. Para tratar um grande número de características desenvolvidas, é utilizado o método de seleção de características SVM-RFE e o SVM é explorado como classificador.

Um novo esquema foi proposto por Rimba et al.[75] que explora um grupo de imagens semelhantes para verificar a fonte de adulteração. A função de associação e o método de alinhamento baseado na correlação são utilizados para identificar automaticamente a região com emenda em qualquer fragmento das imagens de referência. O esquema proposto é eficaz na revelação da origem das regiões com emendas.

Inconsistências subtis na cor da iluminação das imagens são exploradas em [76]. A técnica é aplicável a imagens com duas ou mais pessoas e não requer a interação de peritos para a decisão de adulteração. São extraídas características baseadas na textura e nas arestas dos estimadores de iluminação, que são depois fornecidas a uma abordagem de aprendizagem automática para a tomada de decisões automáticas. O SVM é utilizado para a classificação e foram obtidas taxas de deteção de 86% num conjunto de dados constituído por 200 imagens e de 83% em 50 imagens recolhidas da

Internet. Outro esquema de deteção baseado na desfocagem como pista é proposto em [77]. Este método expõe a presença de emendas através da avaliação de inconsistências na desfocagem do movimento, mesmo em situações de desfocagem com variação espacial.

Os métodos acima referidos têm algumas limitações, como o facto de os métodos de deteção falharem quando são utilizadas medidas como a desfocagem para ocultar as perturbações das arestas vivas após a junção. A exigência de que as margens sejam largas para uma extração fiável é também uma limitação. Além disso, as adulterações menores e localizadas podem não ser detectadas. A Tabela 2 apresenta uma comparação de alguns métodos de deteção de uniões de imagens.

## 3.3 Comparação

## Tabela 2: Comparação dos métodos de deteção de splicing.

| Método | Característica extraída | Classificador | Precisão da deteção |
| --- | --- | --- | --- |
| Ng et al.[58] | Características de bicoerência de ordem superior | SVM | 70% |
| Fu et al. [59] | Hilbert-Huang Características baseadas na transformação e na decomposição wavelet. | SVM | 80.15% |
| Chen et al. [60] | Momentos das características wavelet e congruência de fase 2D. | SVM | 82.32% |
| Zhang et al. [69] | características de momento a partir de características de blocos de tamanho múltiplo (MBDCT) e métricas de qualidade de imagem | SVM | 87.10% |
| Zhen Hua et al. [66] | Medida de nitidez da borda e saliência | SVM | 96.33% |

| | visual | | |
|---|---|---|---|
| Fang et al. [67] | nitidez nos bordos das cores | LDA | 90% |
| Zhao et al.[70] | Nível de cinzento vectores de números de comprimento de execução | SVM | 94.7% |

# Capítulo 4

**Retoque de falsificações**

## 4.1Introdução

O retoque de imagens é mais um tipo de ferramenta de falsificação de imagens que é mais comummente utilizado para aplicações comerciais e estéticas. A operação de retoque é efectuada principalmente para melhorar ou reduzir as características da imagem. O retoque também é efectuado para criar uma composição convincente de duas imagens, o que pode exigir a rotação, o redimensionamento ou o alongamento de uma das imagens. A figura 8 mostra um exemplo; esta fotografia foi divulgada pelo exército iraniano para exagerar a força do seu exército, mostrando simplesmente quatro mísseis em vez dos três da imagem original.

**Figura 8: Imagem reamostrada: Lançamento de mísseis pelo exército do Irão [http://latimesblogs.latimes.com/babylonbeyond/2008/07/iran-doctored-m.html]**

## 4.2Trabalhos conexos

A deteção de retoques na imagem é efectuada tentando encontrar a desfocagem, as melhorias, as alterações de cor e as alterações de iluminação na imagem falsificada. A deteção é fácil se a imagem original estiver disponível, mas a deteção cega é uma tarefa difícil. Para este tipo de falsificação, são efectuados dois tipos de modificação: global ou local [78]. A modificação local é normalmente efectuada na cópia-movimento e na falsificação de emendas. O melhoramento do contraste, que é efectuado em caso de retoque, é feito a nível global e, para a deteção de adulteração, são investigados. Para a iluminação e as alterações de contraste, é efectuada uma modificação global.

Em [79], foi concebido um classificador para medir a distorção entre a imagem adulterada e a imagem original. A primeira pode consistir em muitas operações, como a alteração da desfocagem e do brilho. Mais uma vez, o classificador tem um bom desempenho no caso de serem efectuadas várias operações na imagem.

O algoritmo em [80] descreve um método que não só detecta melhorias globais como também sugere métodos para a equalização do histograma. Um modelo semelhante baseado no modelo probabilístico de valores de pixéis é descrito em [81], que aproxima a deteção de melhoramentos de contraste. São identificados histogramas para entradas que têm maior probabilidade de ocorrer com artefactos correspondentes devido ao realce. Esta técnica fornece resultados muito exactos no caso de o realce não ser padrão. Estão disponíveis vários algoritmos de localização de melhoramentos e correção gama que podem detetar facilmente a modificação e o melhoramento da imagem, tanto global como localmente [80, 82] .

[78] Apresenta uma técnica que detecta alterações de contraste utilizando a modificação global através da deteção de alterações positivas ou negativas na imagem com base na medida de semelhança binária e IQM. Os IQMs podem fornecer traços substanciais para detetar as alterações nas estatísticas. Por outro lado, as características das medidas de semelhança binária fornecem as diferenças. Obtêm-se resultados muito precisos e eficazes no caso de a imagem ser muito modificada.

Cao et al. [83] desenvolveram um método de deteção da correção gama para a deteção de falsificações de imagens. Esta técnica baseia-se na estimativa das características do histograma, que são calculadas por padrões das características do intervalo de pico. Estas características são discriminadas pelo histograma pré-computado para a deteção da correção gama nas imagens. Os resultados indicam que esta técnica é muito eficaz para as modificações globais e locais da correção gama.

Em [84] é sugerida uma técnica de deteção de retoques baseada na filtragem biLaplaciana, que procura blocos correspondentes com base numa árvore KD para cada bloco da imagem. Esta técnica funciona bem em imagens não comprimidas e em imagens comprimidas de alta resolução. A precisão também depende da área da região adulterada para imagens comprimidas de alto nível.

Em [85], foram desenvolvidos dois novos algoritmos para detetar manipulações envolvidas no melhoramento do contraste em imagens digitais. O algoritmo de deteção de melhoramento de contraste global aplicado a imagens comprimidas em JPEG é o primeiro a ser desenvolvido. Os artefactos de pico/gap do histograma resultantes da compressão JPEG e do mapeamento dos valores dos pixels são analisados teoricamente e distinguidos através da identificação das impressões digitais do gap de altura zero. Outro algoritmo do mesmo documento propõe a identificação da imagem composta criada pela aplicação do ajuste de contraste numa ou em ambas as regiões de origem. As posições dos picos/gaps de blocos detectados são agrupadas para reconhecer os mapeamentos de melhoria do contraste aplicados a diferentes regiões de origem. Ambos os algoritmos são muito eficazes.

As técnicas baseadas na não-uniformidade da resposta fotográfica (PRNU) que detectam a ausência da PRNU da câmara, uma espécie de impressão digital da câmara, são exploradas em [86]. Este algoritmo detecta falsificações de imagens utilizando o ruído do padrão do sensor. Um campo aleatório de Markov toma decisões conjuntamente sobre toda a imagem em vez de individualmente para cada pixel. Este algoritmo apresenta um melhor desempenho e uma aplicação prática mais alargada.

**4.3Comparação**

No quadro 3 é apresentada uma comparação dos métodos de deteção de retoque de imagens

**Quadro 3: Comparação dos métodos de deteção de falsificação de retoques.**

| Método | Característica extraída | Classificador | Precisão da deteção |
|---|---|---|---|
| Avcibas et al.[79] | Momento de primeira ordem da relação co angular e momentos de primeira ordem da medida czenakowrki. | Classificador de regressão linear | 80.0% |
| Stamm & Liu[81] | Melhoria do contraste, equalização do histograma e ruído aditivo | Classificador de limiar | 99% |
| Cao et al. [83] | probabilidade de valor zero no mapa de diferenças de primeira ordem utilizando o filtro mediano impressão digital estatística | Classificador de limiar | TP > .85 E >95 |
| Li et al.[84] | Filtragem bi-laplaciana | KD-correspondência de árvores | - |

| Cao et al. [85] | impressões digitais de altura zero e mapeamento da melhoria do contraste | classificador de limiar | 100% |

Foram propostos e discutidos muitos métodos para retocar a falsificação. Mais uma vez, a limitação continua a ser o facto de a maioria dos métodos funcionar bem se a imagem for muito modificada em comparação com a imagem original. Além disso, a intervenção humana necessária para interpretar o resultado torna-os técnicas não cegas.

# Capítulo 5
**Alteração das condições de iluminação em imagens falsificadas**

## 5.1 Introdução

As imagens que são combinadas durante a adulteração são tiradas em condições de iluminação diferentes. Torna-se difícil fazer coincidir as condições de iluminação da combinação de fotografias. Esta inconsistência de iluminação na imagem composta pode ser utilizada para a deteção de adulteração de imagens.

## 5.2 Trabalhos conexos

A primeira tentativa neste domínio foi feita por Johnson e Farid [87]. Estes autores propuseram uma técnica para estimar a direção de uma fonte de luz iluminante dentro de um grau de liberdade para detetar falsificações. Ao estimar a direção da fonte de luz para diferentes objectos e pessoas numa imagem, as inconsistências na iluminação são descobertas na imagem e a falsificação pode ser detectada.

Johnson e Farid [88] propuseram um modelo baseado em inconsistências de iluminação devido à presença de múltiplas fontes de luz. Este modelo é motivado pelo modelo anterior [87], mas generaliza-o estimando uma iluminação mais complexa e pode ser adaptado a uma única fonte de iluminação.

Johnson e Farid [89] estimaram a direção tridimensional de uma fonte de luz através do reflexo da luz no olho humano. Estes reflexos, designados por realces especulares, são uma pista poderosa para a localização e a forma das fontes de luz. As inconsistências na localização da fonte de luz podem ser utilizadas para detetar adulterações.

Chen et al. [90] propuseram um método de autenticação de imagens com fonte de luz infinita baseado em inconsistências na direção da fonte de luz. O método do multiplicador de Hestenes-Powell foi utilizado para calcular a direção da fonte de luz de diferentes objectos e do seu fundo em imagens com fonte de luz infinita. A autenticidade é determinada com base na coerência entre a direção da fonte de luz do objeto e o seu fundo, com uma taxa de deteção de 83,7%.

Kee e Farid[91] descreveram a forma de estimar um ambiente de iluminação tridimensional com um modelo de baixa dimensão e de aproximar os parâmetros do modelo a partir de uma única imagem. As inconsistências no modelo de iluminação são utilizadas como indicação de falsificação. Yingda et al.[92] descreveram um método baseado na inconsistência da direção da fonte de luz. O método denominado método de vizinhança foi utilizado para calcular a matriz normal da superfície da imagem no algoritmo de identificação cega com uma taxa de deteção de 87,33%.

Fan et al. [93] propuseram um método que descreve que os métodos baseados na deteção de falsificações utilizando um sistema de iluminação 2D podem ser facilmente enganados e apresentaram uma técnica promissora baseada na forma a partir do sombreamento. Esta abordagem é mais geral, mas a questão da estimativa das formas 3D dos objectos mantém-se.

Carvalho [94] descreveu um método de deteção de falsificação de imagens baseado em inconsistências na cor da iluminação. São utilizadas informações da física e estimadores de iluminantes baseados em estatísticas sobre regiões de imagens de material semelhante. A partir destas, são extraídas características baseadas na textura e nos bordos. É utilizado um classificador de meta-fusão SVM e obtém-se uma taxa de deteção de 86%. Esta abordagem requer uma interação mínima com o utilizador. A vantagem destes métodos é que tornam as inconsistências de iluminação na imagem adulterada muito difíceis de esconder.

# 5.3 Comparação

Apresenta-se de seguida um quadro de comparação de alguns destes métodos.

**Quadro 4: Comparação dos métodos de deteção de falsificações com base nas condições de iluminação.**

| Método | Característica extraída | Classificador | Precisão da deteção |
|---|---|---|---|
| Chen et al. [90] | Inconsistências na direção da fonte de luz utilizando o método do multiplicador de Hesten-Powell | Limiarização | 83.7% |
| Yingda et al. [92] | Matriz normal da superfície da imagem, direcções da fonte de luz. | Diferença entre a direção da fonte de luz da fonte de luz local e infinita | 87.33 % |
| De Carvalho et al . [94] | Características da textura e dos bordos | SVM Metafusão classificador | 86% |

# Conclusão

Na última década, foram propostas muitas técnicas de deteção de falsificações. Este livro faz um breve levantamento da adulteração de imagens e da deteção de falsificações. É feita uma tentativa de apresentar vários algoritmos potenciais que significam uma melhoria das técnicas de autenticação de imagens. A partir do conhecimento das técnicas de autenticação de imagens, conclui-se que as técnicas passivas ou cegas, que não necessitam de informação prévia sobre a imagem em questão, têm uma vantagem significativa sobre as técnicas activas.

As técnicas desenvolvidas até à data são, na sua maioria, capazes de detetar a falsificação e apenas algumas conseguem localizar a área adulterada. As tecnologias atualmente disponíveis apresentam uma série de inconvenientes. Em primeiro lugar, todos os sistemas requerem interpretação humana, pelo que não podem ser automatizados. O segundo é o problema da localização da falsificação. Em terceiro lugar, o problema da robustez das operações comuns de processamento de imagens, como a desfocagem, a compressão jpeg, o escalonamento e a rotação. Na prática, uma vez que um analista de falsificação de imagens pode não ser capaz de saber qual a técnica de falsificação utilizada para adulterar a imagem, a utilização de uma técnica de autenticação específica pode não ser razoável. Por conseguinte, continua a ser extremamente necessária uma técnica de deteção de falsificações que possa detetar qualquer tipo de falsificação. Há também o inconveniente de não existirem padrões de referência estabelecidos, o que dificulta a análise do desempenho e a comparação dos resultados dos algoritmos actuais. Assim, é necessário desenvolver um parâmetro de referência comum para o conjunto de dados de imagem e técnicas de deteção de falsificações de imagem que possam detetar qualquer tipo de falsificação com menor complexidade computacional e elevada robustez.

# Referências


[1] G. Liu, J. Wang, S. Lian, Z. Wang A passive image authentication scheme for detecting region-duplication forgery with rotation, Journal of Network and Computer Applications 34 (5) (2010) pp.1557-1565.

[2] N. Sebe, Y. Liu, Y. Zhuang, T. Huang, S.-F. Chang, Blind passive media forensics: motivation and opportunity, Multimedia Content Analysis and Mining, Springer, Berlin/Heidelberg, (2007) pp. 57-59.

[3] Mahdian, B., Saic, S,Blind methods for detecting image fakery", IEEE Aerosp. Electron. Syst. Mag. 25 ( 2010) pp. 18-24.

[4] Shivakumar, B.L., Baboo, S.S.: "Detecting copy-move forgery in digital images: a survey and analysis of current methods", Global J. Comput. Sci. Technolgy, 10(2010) pp. 61-65.

[5] Gajanan K. Birajdar, Vijay H. Mankar, Deteção de falsificação de imagens digitais utilizando técnicas passivas: A survey , Digital investigations(2013), pp 226-245.

[6] S.Katzenbeisser e F.A.P. Petitcols, Information Techniques For Stenography And Digital Watermarking. Norwood,MA : Artec House, (2000).

[7] I.J.Cox, M.L.Miller e J.A.Bloom, Digital watermarking San Fransisco, CA: Morgan Kaufmann, (2002).

[8] Zhang, Z., Ren, Y., Ping, X.J., He, Z.Y., Zhang, S.Z. "A survey on passiveblind image forgery by doctor method detection". Proc. Seventh Int. Conf. sobre Aprendizagem Automática e Cibernética, (2008), pp. 3463-3467.

[9] Ching-Yung Lin e Shih-Fu Chang Generating Robust Digital Signature for Image/Video Authentication in Multimedia and Security Workshop at ACM Multimedia '98, Bristol, U.K..

[10] Chun-Shien Lu, Hong-Yuan Mark Liao Assinatura Digital Estrutural para Autenticação de Imagens: Um Esquema Resistente à Distorção Incidental em IEEE transactions on multimedia, 5(2), (2003).

[11] Hong Bin Zang, Cheng Yang e Xiao Mei Quan Autenticação de imagens baseada em assinatura digital e marca de água semi-frágil em J.Comput and technol 9( 6)

Nov (2004).

[12]   Xiaofeng Wang, Jianru Xue , Zhenqiang Zheng , Zhenli Liu , Ning Li , Assinatura forense de imagem para análise da autenticidade do conteúdo J. Vis. Commun. Image R. 23 (2012).

[13]   Madhumita Sengupta ,J. K. Mandal ,Autenticação através da transformação Hough gerada Assinatura no Domínio G-Let D3 (AHSG) Conferência Internacional sobre Inteligência Computacional: Técnicas de Modelação e Aplicações (2013).

[14]   Jieh-Ming Shieh, Der-Chyuan Lou,T, Ming-Chang Chang ,A semi-blind digital watermarking scheme based on singular value decomposition , Computer Standards & Interfaces 28 (2006) pp.428- 440.

[15]   Rafiullah Chamlawi, Asifullah Khan, Imran Usman , Autenticação e recuperação de imagens utilizando múltiplas marcas de água em Computadores e Engenharia Eléctrica 36 (2010) pp.578-584.

[16]   Yeh-Shun Chen, Ran-Zan Wang , Autenticação reversível e recuperação cruzada de imagens utilizando (t, n)-threshold e marca de água RCM modificada em Optics Communications 284 (2011) pp.2711-2719.

[17]   Giuseppe SchirripaSpagnolo , MicheleDeSantis "Holographic watermarking for authentication of cut images" in Optics and Lasers in Engineering 49 (2011) 1447-1455.

[18]   Luis Rosales-Roldan , ManuelCedillo-Hernandez , MarikoNakano-Miyatake , Hector Perez-Meana , BrianKurkoski Autenticação de imagem baseada em marca d'água com capacidade de recuperação usando a técnica de halftoning,Signal Processing: Comunicação por Imagem 28 (2013) pp.69-83.

[19]   Ng, T.T., Chang, S.F., Lin, C.Y., Sun, Q. "Passive-blind image forensics". Zeng, W., Yu, H., Lin, C.Y., (Eds.), "Multimedia security technologies for digital rights management" (2006) pp. 383-412

[20]   Zhou, Z., Zhang, X. "Deteção de emendas de imagens com base na qualidade da imagem e na análise da variância". 2010 Second Int. Conf. sobre Tecnologia da Educação e Computadores (ICETC), 4(2001) pp. 242-246

[21]   Ng T-T, Chang S-F, Lin C-Y, Sun Q. Passive-blind image forensics. Em Multimedia security technologies for digital rights. EUA: Elsevier; (2006).

[22]   Luo W, Qu Z, Pan F, Huang J. Um estudo da tecnologia passiva para a análise forense de imagens digitais. Front Comput Sci China (2007);1(2) pp166-79.

[23]   Farid H. A survey of image forgery detection (Um estudo sobre a deteção de falsificações de imagens). IEEE Signal Proc Mag 2(26) (2006) pp 6-25.

[24]   J.A. Redi, W. Taktak, J.L. Dugelay, Digital image forensics: a booklet for beginners, Multimedia Tools Appl. 51 (1) (2011) pp.133-162.

[25]   Wei lu ,wei sun , ji-wu huang,hong-tao lu ,Digital image forensics using statistical features and neural network classifiers in proceedings of seventh international conference on machine learning and cybernetics, Kunming, 12-15 july( 2008).

[26]   Fu D, Shi Y, Su W. Deteção de emendas de imagens com base na transformada de Hilbert-Huang e momentos de funções características com decomposição de wavelets. In: Proc. do workshop internacional sobre marca de água digital (2006.) pp. 177-87.

[27]   Chen W, Shi Y, Su W. Deteção de emendas de imagens utilizando congruência de fase bidimensional e momentos estatísticos da função caraterística. In: Proc. Of SPIE electronic imaging: security, steganography, and watermarking of multimedia contents (2007).

[28]   Khanna N, Chiu GT-C, Allebach JP, Delp EJ. Técnicas forenses de classificação de imagens de scanner, geradas por computador e de câmaras digitais. Em: Proc. IEEE International conference on acoustics, speech and signal processing (2008). pp. 1653-6.

[29]   Fang Z, Wang S, Zhang X. Deteção de emendas de imagens utilizando a inconsistência das características da câmara. In: Proc. da conferência internacional sobre redes de informação e segurança multimédia (2009) pp. 20-4.

[30]   Muhammad G, Hussain M, Khawaji K, Bebis G. Deteção de falsificação de imagens por cópia cega utilizando a transformada de wavelet diádica não reduzida. In: Proc. da 17ª conferência internacional sobre processamento de sinais digitais

(2011). pp. 1-6.

[31]   Gopi E, Lakshmanan N, Gokul T, Ganesh S, Shah P. Digital image forgery detection using artificial neural network and auto regressive coefficients. In: Proc. Conferência canadiana sobre engenharia eléctrica e informática (2006) pp. 194-7.

[32]   Ghorbani M, Firouzmand M, Faraahi A. DWT-DCT (QCD) based copymove image forgery detection. In: Proc. da 18ª conferência internacional sobre sistemas, sinais e processamento de imagens (IWSSIP) (2011) pp. 1-4.

[33]   Fridrich J, Soukal D, Lukas J. Deteção de falsificação de cópias em imagens digitais. In: Proc. do workshop de investigação forense digital (2003). pp. 55-61.

[34]   E. Ardizzone, A. Bruno, G. Mazzola, Deteção de falsificação de cópias através da descrição de texturas, em: MiFor'10 - Proceedings of the 2010 ACM Workshop on Multimedia in Forensics, Security and Intelligence, Co-located with ACM Multimedia (2010), pp. 59-64.

[35]   S. Bravo-Solorio, A.K. Nandi, Deteção e localização automatizadas de regiões duplicadas afectadas por reflexão, rotação e escalonamento em imagens forenses, Signal Proc. 91 (8) (2011) pp 1759-1770.

[36]   Fridrich J, Soukal D, Lukas J. Deteção de falsificação de cópias em imagens digitais. In: Proc. do workshop de investigação forense digital 2003. pp. 55-61.

[37]   Popescu A, Farid H. Expondo falsificações digitais através da deteção de regiões de imagens duplicadas. Relatório técnico TR2004-515. Departamento de Ciência da Computação, Dartmouth College; 2004

[38]   Langille A, Gong M. Um algoritmo eficiente de deteção de duplicações baseado em correspondências. In: Proc. da 3ª conferência canadiana sobre visão computacional e robótica (2006) pp. 64.

[39]   Gopi E, Lakshmanan N, Gokul T, Ganesh S, Shah P. Digital image forgery detection using artificial neural network and auto regressive coefficients. In: Proc. Conferência canadiana sobre engenharia eléctrica e informática (2006) pp. 194-7.

[40]   Myna A, Venkateshmurthy M, Patil C. Deteção de falsificação de duplicação de regiões em imagens digitais utilizando wavelets e mapeamento log-polar. In: Proc. da conferência internacional sobre inteligência computacional e aplicações

multimédia ICCIMA (2007) pp. 371-7.

[41] XiaoBing K, ShengMin W. Identificação de regiões adulteradas utilizando a decomposição do valor singular na investigação forense de imagens digitais. In: Proc. da conferência internacional sobre ciência da computação e engenharia de software (2008). pp. 926-30.

[42] Lin, H., Wang, C., Kao, Y.: "An efficient method for copy-move forgery detection". Proc. Eighth WSEAS Int. Conf, on Applied Computer and Applied Computational Science, (2009) pp. 250-253

[43] Bashar M, Noda K, Ohnishi N, Mori K. Explorando regiões duplicadas em imagens naturais. IEEE Trans Image Process (2010)1-40.

[44] Sutthiwan P, Shi YQ, Wei S, Tian-Tsong N. Transformada de Rake e estatísticas de bordos para a deteção de falsificações de imagens. Em: Proc. IEEE International conference on multimedia and Expo (ICME) (2010) pp. 1463-8.

[45] Liu, G., Wang, J., Lian, S., Wang, Z.: "A passive image authentication scheme for detecting region-duplication forgery with rotation", J Netw. Comput. Appl., 34 (2011) pp. 1557-1565

[46] Sekeh, M.A., Marof, M.A., Rohani, M.F., Motiei, M.: "Sequential straightforward clustering for local image block matching", World Acad. Sci. Eng. Technol., 50 (2011) pp. 774-778

[47] Y. Huang, W. Lu, W. Sun, D. Long, Deteção melhorada baseada em DCT de falsificação de cópias em imagens, Forensic Sci. Int. 3 (2011) 178-184.

[48] Xunyu P, Siwei L. Deteção de duplicação de região usando correspondência de recursos de imagem. IEEE Trans Inf Forensics Security 5(4): (2011) 857-67.

[49] Kakar P, Sudha N. Exposing postprocessed copy-paste forgeries through transform-invariant features. IEEE Trans Inf Forensics Security 7(3) (2012) pp 1018-28.

[50] Ghulam Muhammad, Muhammad Hussain , George Bebis , Deteção de falsificação de imagens por cópia passiva utilizando a transformada de wavelet diádica não-decimada, Digital Investigation 9 (2012) pp49-57.

[51] Hong Shao , Tianshu Yu ,Mengjia Xu , Wencheng Cui , Deteção de duplicação

de regiões de imagem com base na expansão de janelas circulares e na correlação de fases,Forensic Science International 222 (2012)pp 71-82.

[52]   Gavin Lynch , Frank Y.Shih , Hong-Yuan Mark Liao , Um algoritmo de expansão de blocos eficiente para a deteção de falsificações de cópias de imagens, Ciências da Informação 239 (2013) pp253-265.

[53]   Mohammad Akbarpour Sekeh , Mohd. Aizaini Maarof , Mohd. Foad Rohani , Babak Mahdian , Modelo eficiente de deteção de regiões duplicadas em imagens utilizando agrupamento de blocos sequenciais, Digital Investigation 10 (2013) pp 73-84.

[54]   IreneAmerini , Lamberto Ballan, Roberto Caldelli,Alberto DelBimbo, Luca DelTongo, GiuseppeSerra , Copy-move forgery detection and localization by means of robust clustering with J-Linkage, Signal Processing :Image Communication 28 (2013) pp 659-669.

[55]   Jie Zhao , Jichang Guo ,Passive forensics for copy-move image forgery using a method based on DCT and SVD, Forensic Science International 233 (2013) pp 158-166.

[56]   Farid H. Deteção de falsificações digitais utilizando a análise bispectral. Relatório técnico AIM-1657. Laboratório de IA, Instituto de Tecnologia de Massachusetts (1999)

[57]   Ng T, Chang S. Um modelo para a junção de imagens. In: Proc. da conferência internacional do IEEE sobre processamento de imagens (ICIP) (2004) pp. 1169-72.

[58]   Ng T, Chang S, Sun Q. Deteção cega de fotomontagem utilizando estatísticas de ordem superior. In: Simpósio Internacional do IEEE sobre circuitos e sistemas (ISCAS) (2004) pp. 688-91.

[59]   Fu D, Shi Y, Su W. Deteção de emendas de imagens com base na transformada de Hilbert-Huang e momentos de funções características com decomposição de wavelets. In: Proc. do workshop internacional sobre marca de água digital (2006). pp. 177-87.

[60]   Chen W, Shi Y, Su W. Deteção de emendas de imagens utilizando congruência

de fase bidimensional e momentos estatísticos da função caraterística. In: Proc. Of SPIE electronic imaging: security, stegnography, and watermarking of multimedia contents (2007).

[61]  Zhang Z, Kang J, Ren Y. Um algoritmo eficaz de deteção de emendas em imagens. In: Proc. Conferência internacional sobre ciência da computação e engenharia de software (2008). pp. 1035-9.

[62]  Ng T, Tsui M. Assinatura da função de resposta da câmara para análise forense digital - parte I: teoria e seleção de dados. In: Proc. IEEE workshop on information forensics and security (2009) pp.156-160.

[63]  Ng T-T. Assinatura da função de resposta da câmara para forense digital - parte II: extração da assinatura. Em: Proc. IEEE workshop on information forensics and security (2009). pp. 161-5.

[64]  Qingzhong L, Andrew H. Uma nova abordagem para redimensionamentos JPEG e deteção de emendas de imagens. Em: Proc. Workshop de multimédia e segurança da ACM (2009) pp. 43-8.

[65]  WangW, Dong J, Tan T. Deteção eficaz de emendas de imagens com base no croma da imagem. In: Proc. IEEE International conference on image processing (2009) pp. 1257-60.

[66]  Zhenhua Q, Guoping Q, Jiwu H. Detetar a junção de imagens digitais com pistas visuais. In: Proc. Workshop internacional sobre ocultação de informações (2009) pp. 24761.

[67]  Fang, Z., Wang, S., Zhang, X.: "Image splicing detection using color edge inconsistency". 2010 Int. Conf, on Multimedia Information Networking and Security (MINES), (2010) pp. 923-926

[68]  Li, X., Jing, T., Li, X.H.: "Image splicing detection based on moment features and Hilbert-Huang transform" [Deteção de uniões de imagens com base em características de momento e na transformada de Hilbert-Huang]. 2010 IEEE Int. Conf. sobre Teoria da Informação e Segurança da Informação (ICITIS), (2010), pp. 1127-1130

[69]  Zhang W, Cao X, Qu Y, Hou Y, Zhao H, Zhang C. Detetar e extrair os compostos

fotográficos utilizando a homografia planar e o corte gráfico. IEEE Trans Inf Forensics Security 5(3) (2010); 544-55.

[70]   Zhao X, Li J, Li S, Wang S. Detetar a junção de imagens digitais em espaços de croma. Em: Proc. Workshop internacional sobre marca de água digital (2010) pp. 1222.

[71]   Liu Q, Cao X, Deng C, Guo X. Identificação de imagens compostas através da consistência da sombra mate. IEEE Trans Inf Forensics Security ; 6(3) (2011) pp.1111-22.

[72]   Xuemin Wu, Zhen Fang, Deteção de emendas de imagens utilizando a inconsistência da cor do iluminante, Conferência Internacional sobre Redes e Segurança de Informação Multimédia (MINES), (2011) pp. 600-603

[73]   Zhongwei He , Wei Sun , Wei Lu ,Hongtao Lu c , Digital image splicing detection based on approximate run length, Pattern Recognition Letters 32 (2011) pp 1591-1597.

[74]   Zhongwei He , WeiLu , WeiSun , JiwuHuang, Deteção de emendas em imagens digitais baseada em características de Markov nos domínios DCT e DWT, Pattern Recognition 45 (2012) pp.4292-4299.

[75]   Rimba Whidiana Ciptasari , Kyung Hyune Rhee, Kouichi Sakurai, Exploiting reference images for image splicing verification, Digital Investigation 10 (2013) pp 246-258.

[76]   De Carvalho, Riess, Angelopoulou, Pedrini, de Rezende Rocha, Expondo falsificações de imagens digitais através da classificação da cor da iluminação, IEEE Transactions on Information Forensics and Security, (2013) pp 1182 - 1194

[77]   Rao, Rajagopalan, Seetharaman , Harnessing Motion Blur to Unveil Splicing , IEEE Transactions on Information Forensics and Security 9(4) (2014) pp. 583-595.

[78]   Boato, G., Natale, F.G.B.D., Zontone, P.: "Como a investigação forense digital pode ajudar a avaliar o impacto percetivo da formação e manipulação de imagens". Proc. Fifth Int. Workshop sobre Processamento de Vídeo e Métricas de Qualidade para Eletrónica de Consumo - VPQM 2010, 2010.

[79]   Avcibas, I., Bayram, S., Memon, N., Ramkumar, M., Sankur, B.: "A classifier

design for detecting image manipulations". Proc. IEEE Int. Conf. sobre Processamento de Imagem, 2004, pp. 2645-2648

[80]   Stamm, M.C., Liu, K.J.R.: "Blind forensics of contrast enhancement in digital images". Proc. 15th IEEE Int.Conf        . Processamento de imagens 2008, (ICIP'2008), 2008, pp. 3112-3115

[81]   Stamm, M.C., Liu, K.J.R.: "Forensic estimation and recnstruction of a contrast. Enhancement mapping", Proc. IEEE Int. Conf. Acoustics speech and signal processing (ICASSP), 2010, pp 1698-1701.

[82]   Stamm, M., Liu, K.J.R.: "Forensic detection of image manipulation using statistical intrinsic fingerprints", IEEE Trans. Inf. Forensics Secur., 2010, 5, (3), pp. 492-506

[83]   Cao G., Zhao.Y., Ni.R.: "Forensic estimation of gamma correction in digital images" (Estimativa forense da correção de gama em imagens digitais). Proc. 17.º IEEE Int. Conf. sobre Processamento de Imagem, (ICIP'2010), 2010, pp. 2097-2100.

[84]   Li, X.F., Shen, X.J., Chen, H.P.: "Blind identification algorithm for the retouched images based on bi-Laplacian", J. Comput. Appl., 2011, 31, pp. 239242.

[85]   Gang Cao,Yao Zhao,Rongrong Ni,Xuelong Li, Contrast EnhancementBased Forensics in Digital Images IEEE Transactions on Information Forensics and Security 9(3) (2014) pp 515 - 525

[86]   Chierchia, G.; Poggi, G. ; Sansone, C.; Verdoliva, L, A Bayesian-MRF Approach for PRNU-Based Image Forgery Detection , Information Forensics and Security, IEEE Transactions on ( 2014), 9(4)pp.554 - 567.

[87]   Johnson M, Farid H. Expor falsificações digitais através da deteção de inconsistências na iluminação. In: Proc. Workshop de multimédia e segurança da ACM (2005). pp. 1-10.

[88]   Johnson M, Farid H. Exposing digital forgeries in complex lighting environments (Expor falsificações digitais em ambientes de iluminação complexos). IEEE Trans Inf Forensics Security 3(2) (2007) pp.450-61.

[89]   Johnson M, Farid H. Expor falsificações digitais através de realces especulares

no olho. In: Proc. Workshop internacional sobre ocultação de informações (2007). pp. 311-25.

[90]	Haipeng Chen, Xuanjing ,Shen Yingda Lv, Método de identificação cega para autenticidade de imagens de fonte de luz infinita, Quinta Conferência Internacional sobre a Fronteira da Ciência e Tecnologia da Computação (FCST) 2010 pp. 131 - 135.

[91]	Kee.E, Farid.H, Exposing digital forgeries from 3-D lighting environments, IEEE International Workshop on Information Forensics and Security (WIFS), (2010) pp. 1 - 6.

[92]	Yingda L, Xuanjing S, Haipeng C. Uma identificação cega de imagem melhorada baseada na inconsistência da direção da fonte de luz. J Supercomput 58(1) (2011) pp.50-67.

[93]	Wei Fan, Kai Wang, Francois Cayre e Zhang Xiong, 3D Lighting-Based Image Forgery Detection Using Shape-From-Shading, 20ª Conferência Europeia de Processamento de Sinais EUSIPCO (2012) pp. 1777-1781.

[94]	De Carvalho, T.J , Riess.C, Angelopoulou.E, Pedrini.H Exposing Digital Image Forgeries by Illumination Color Classification, IEEE Transactions on Information Forensics and Security 8(7) (2013) pp. 1182 - 1194.

[95]	Bayram, Sevinc, Husrev Taha Sencar e Nasir Memon. "Uma pesquisa de técnicas de deteção de falsificação de cópia-movimento". Workshop de processamento de imagens do IEEE Western New York. IEEE, 2008.

[96]	V. Christlein, C. Riess, J. Jordan, C. Riess, e E. Angelopoulou, "An evaluation of popular copy-move forgery detection approaches," IEEE Trans. Inf. Forensics Security, vol. 7, no. 6, pp. 1841-1854, Dez. 2012.

[97]	Miljkovi, O., 2009. Ferramenta de Pré-Processamento de Imagens. Kragujev. J. Math. 32, 97107.

[98]	Ardizzone, E., Bruno, A., Mazzola, G., 2010. Deteção de cópias múltiplas em imagens adulteradas, em: 17ª Conferência Internacional sobre Processamento de Imagens. pp. 2117-2120.

[99]	Cao, Y., Gao, T., Fan, L., Yang, Q., 2012. Um algoritmo de deteção robusto para

falsificação de movimento de cópia em imagens digitais. Forensic Sci. Int. 214, 33-43.

[100] Muhammad, G., Hussain, M., Bebis, G., 2012. Deteção de falsificação de imagem por movimento de cópia passiva usando a transformada Wavelet diádica não-decimada. Digit. Investig. 9, 49-57.

[101] Wu, Q., Wang, S., Zhang, X., 2010. Deteção de duplicação de região de imagem com tolerância de rotação e escala, em: Segunda Conferência Internacional, ICCCI. pp. 100-108.

[102] A. Popescu, H. Farid, Exposing Digital Forgeries by Detecting Duplicated Image Regions, Relatório Técnico TR2004-515, Departamento de Informática, Dartmouth College, 2004.

[103] Huang, Y., Lu, W., Sun, W., Long, D., 2011. Deteção melhorada baseada em DCT de falsificação de cópia-movimento em imagens. Forensic Sci. Int. 206, 178-184.

[104] Cao, Y., Gao, T., Fan, L., Yang, Q., 2012. Um algoritmo de deteção robusto para falsificação de movimento de cópia em imagens digitais. Forensic Sci. Int. 214, 33-43.

[105] Zhao, J., Guo, J., 2013. Forense passiva para falsificação de imagens com movimento de cópia usando um método baseado em DCT e SVD Forensic Sci. Int. 233, 158-66.

[106] G. Lynch, F.Y. Shih, H.M. Liao, Um algoritmo de bloco expansivo eficiente para a deteção de falsificação de cópias de imagens, Inform. Sci. 239 (2013) 253-265.

[107] Yang, B., Sun, X., Chen, X., Zhang, J., Li, X., 2013. Um método forense eficiente para a deteção de falsificação de cópia - move baseado em DWT-FWHT. Radio Eng. 22, 1098-1105.

[108] Zhang, J., Feng, Z., Su, Y., 2008. Uma nova abordagem para detetar a falsificação de cópias em imagens digitais, em: 11.ª Conferência Internacional de Singapura do IEEE sobre Sistemas de Comunicação, ICCS 2008. pp.362-366.

[109] Muhammad, G., Hussain, M., Bebis, G., 2012. Deteção de falsificação de imagem por movimento de cópia passiva usando a transformada Wavelet diádica não-decimada. Digit. Investig. 9, 49-57.

[110] Tralic D., Zupancic I., Grgic S., Grgic M., "CoMoFoD - New Database for Copy-Move Forgery Detection", in Proc. 55th International Symposium ELMAR-2013, pp. 49-54, setembro de 2013. http://www.vlc.fer.hr/

[111] Dong, Jing e Wei Wang. "Base de dados de avaliação da deteção de imagens adulteradas CASIA". (2011).

Printed by Books on Demand GmbH, Norderstedt / Germany